BEI GRIN MACHT SICH IHR WISSEN BEZAHLT

- Wir veröffentlichen Ihre Hausarbeit, Bachelor- und Masterarbeit

- Ihr eigenes eBook und Buch - weltweit in allen wichtigen Shops

- Verdienen Sie an jedem Verkauf

Jetzt bei www.GRIN.com hochladen und kostenlos publizieren

Bibliografische Information der Deutschen Nationalbibliothek:

Die Deutsche Bibliothek verzeichnet diese Publikation in der Deutschen Nationalbibliografie; detaillierte bibliografische Daten sind im Internet über http://dnb.d-nb.de/ abrufbar.

Dieses Werk sowie alle darin enthaltenen einzelnen Beiträge und Abbildungen sind urheberrechtlich geschützt. Jede Verwertung, die nicht ausdrücklich vom Urheberrechtsschutz zugelassen ist, bedarf der vorherigen Zustimmung des Verlages. Das gilt insbesondere für Vervielfältigungen, Bearbeitungen, Übersetzungen, Mikroverfilmungen, Auswertungen durch Datenbanken und für die Einspeicherung und Verarbeitung in elektronische Systeme. Alle Rechte, auch die des auszugsweisen Nachdrucks, der fotomechanischen Wiedergabe (einschließlich Mikrokopie) sowie der Auswertung durch Datenbanken oder ähnliche Einrichtungen, vorbehalten.

Impressum:

Copyright © 2016 GRIN Verlag, Open Publishing GmbH
Druck und Bindung: Books on Demand GmbH, Norderstedt Germany
ISBN: 9783668258174

Dieses Buch bei GRIN:

http://www.grin.com/de/e-book/336196/eigenwerte-von-rotationsmatrizen

Arne Breitsprecher

Aus der Reihe: e-fellows.net stipendiaten-wissen
e-fellows.net (Hrsg.)

Band 1999

Eigenwerte von Rotationsmatrizen

GRIN Verlag

GRIN - Your knowledge has value

Der GRIN Verlag publiziert seit 1998 wissenschaftliche Arbeiten von Studenten, Hochschullehrern und anderen Akademikern als eBook und gedrucktes Buch. Die Verlagswebsite www.grin.com ist die ideale Plattform zur Veröffentlichung von Hausarbeiten, Abschlussarbeiten, wissenschaftlichen Aufsätzen, Dissertationen und Fachbüchern.

Besuchen Sie uns im Internet:

http://www.grin.com/

http://www.facebook.com/grincom

http://www.twitter.com/grin_com

Mathematische Grundlagen 2: Lineare Algebra und
Differential- und Integralrechnung

Eigenwerte von Rotationsmatrizen

Arne Breitsprecher

7. April 2016

Universität Bremen

Inhaltsverzeichnis

1 Eigenwerte im reellen Raum   **1**
     1.1 Eigenschaften von Eigenwerten und Eigenvektoren 2
     1.2 Berechnung von Eigenwerten und Eigenvektoren 2
     1.3 Satz vom Fußball 5

2 Rotationsmatrizen   **7**
     2.1 Drehmatrizen in $\mathbb{R}^2$ 7
     2.2 Drehmatrizen in $\mathbb{R}^3$ 8
         2.2.1 Drehung um die z-Achse 8
         2.2.2 Drehung um die x-Achse 9
         2.2.3 Drehung um die y-Achse 9
     2.3 Eigenwerte und Eigenvektoren 9

Literatur   **10**

1 Eigenwerte im reellen Raum

Die Mathematik ist das Alphabet, mit dem Gott die Welt geschrieben hat.
— *Galileo Galilei*

Das Mathematik in ihrer Bedeutung mehr als reine Zahlen ist, erkannte bereits der Philosoph und Mathematiker Galilei. Die technischen Entwicklungen der heutigen Zeit stecken voller naturwissenschaftlicher Entdeckungen, Herausforderungen und Problemen. Eines dieser Probleme ist das Eigenwertproblem. So ist die Google Suche abstrahiert eine periodische gigantische Eigenwertaufgabe (PBMW09). Das Eigenwertproblem kann auf die Fragestellung zurückgeführt werden, dass für eine vorhandene quadratische $n \times n$ Matrix **A** ein lineares Gleichungssystem der Form

$$\begin{aligned} a_{1_1}x_1 + a_{1_2}x_2 + \cdots + a_{1_n}x_n &= \lambda x_1 \\ a_{2_1}x_1 + a_{2_2}x_2 + \cdots + a_{2_n}x_n &= \lambda x_2 \\ &\vdots \\ a_{m_1}x_1 + a_{m_2}x_2 + \cdots + a_{m_n}x_n &= \lambda x_n \end{aligned}$$

gelöst werden kann, wobei $\lambda \in \mathbb{R}$. Die kurz Schreibweise ergibt

$$Ax = \lambda x$$

Es wird also eine lineare Abbildung mit $x \neq 0$ gesucht, die sich bei ihrer Transformation $x \mapsto Ax$ nicht verändert oder auf ein Skalar λ selbst abgebildet wird. Der Skalar λ wird dann als **Eigenwert**, der Vektor x als **Eigenvektor** der Matrix A bezeichnet. Bei diesen Eigenwerten und Vektoren handelt es sich um reelle Eigenwerte von A bzw. reelle Eigenvektoren, weil wir uns im reellen Zahlenbereich bewegen. Es gilt, dass ein Eigenvektor ungleich dem Nullvektor ist, da ansonsten alle $\lambda \in \mathbb{R}$ die Gleichung

$$A0 = \lambda 0$$

erfüllen und damit alle lineare Abbildungen immer in sich selbst überführt würden.
Bei Betrachtung im komplexen Zahlenbereich werden die Eigenwerte/-vektoren als komplexe Eigenwerte/-vektoren bezeichnet. Im Folgenden wollen wir uns aber auf die reellen Eigenvektoren beschränken.

Definition 1 (Eigenvektor und Eigenwert). nach (Wel95, 155)
Gegeben seien eine $n \times n$ Matrix A und ein Vektor x mit n Komponenten.
x heißt **Eigenvektor** der Matrix A, wenn $x = A \cdot r$ die gleiche Richtung hat wie x. In diesem Fall gilt $x = \lambda \cdot r$, wobei λ ein reeller Skalar ist. λ heißt **Eigenwert** der Matrix A. Die Fälle $r = 0$ und $\lambda = 0$ seien ausgeschlossen.

Mit Hilfe der $n \times n$ Einheitsmatrix E kann die Gleichung in die Form $(A - \lambda E)x = 0$ gebracht werden. Falls ein Eigenwert λ existiert, gibt es neben dem Nullvektor noch einen weiteren Vektor x, der durch die Matrix $A - \lambda E$ auf den Nullvektor abgebildet wird. Im Umkehrschluss ist die lineare Abbildung damit nicht injektiv. Daraus folgt:

$$\begin{aligned} Ax &= \lambda x \\ Ax &= \lambda E x \\ A - \lambda E = 0 \iff \operatorname{rang}(A - \lambda E) < n \iff \det(A - \lambda E) &= 0 \end{aligned}$$

1 Eigenwerte im reellen Raum

Definition 2 (Eigenwert und Determinante). $\lambda \in \mathbb{R}$ liefert genau dann einen Eigenwert einer $n \times n$ Matrix A, wenn $\det(A - \lambda E) = 0$ als nicht-triviale Lösung gilt.

Die Gleichung $\det(A - \lambda E) = 0$ bzw.

$$\det \begin{pmatrix} a_{11} - \lambda & a_{12} & \cdots & a_{1n} \\ a_{21} & a_{22} - \lambda & \cdots & a_{2n} \\ & & \ddots & \\ a_{m1} & a_{m2} & \cdots & a_{mn} - \lambda \end{pmatrix} = 0$$

wird als charakteristische Gleichung der Matrix A bezeichnet.
Für eine $n \times n$ Matrix ist die charakteristische Gleichung ein Polynom des Ranges n.

1.1 Eigenschaften von Eigenwerten und Eigenvektoren

Nach Weltner ergibt sich (Wel95, 168)

Definition 3 (Eigenwert und Determinante). Eine reelle symmetrische $n \times n$ Matrix hat n reelle Eigenwerte. Die entsprechenden Eigenvektoren können bestimmt werden, und jeder ist orthogonal zu den anderen.

Drei substanzielle Fragen wollen wir im weiteren für Eigenwerte und Eigenvektoren beantworten. Für die Lösung nehmen wir an, dass es sich nicht um singuläre Matrizen handelt, also um quadratischen Matrizen mit existenten Inversen.

Wieviele reelle Eigenwerte und Eigenvektoren hat eine gegeben Matrix?
Die Höchstzahl reeller Eigenwerte und Eigenvektoren für eine $n \times n$ Matrix ist n. Für den Fall, dass die Matrix symmetrisch ist, wird das Maximum erreicht.

Hat jede Matrix reelle Eigenwerte und Eigenvektoren?
Dies ist nicht der Fall. Bei einer nicht-symmetrischen Matrix gilt folgendes: Für n gerade ist es möglich, dass keine reellen Eigenwerte existieren. Für n ungerade gilt, dass mindestens ein reeller Eigenwert existiert, weil die die charakteristische Gleichung einen ungeraden Grad besitzt.
Für eine quadratische 2×2 existiert kein reeller Eigenwert und kein Eigenvektor.

Wie können diese reellen Eigenwerte und Eigenvektoren berechnet werden?
Durch lösen der charakteristischen Gleichung ergeben sich die Eigenwerte, indem nichttriviale spezielle Lösungen des verbleibenden homogenen linearen Gleichungssystem gelöst werden, erhalten wir die Eigenvektoren.

1.2 Berechnung von Eigenwerten und Eigenvektoren

Gegeben sei die quadratische 3×3 Matrix **A**

$$A = \begin{pmatrix} -12 & -12 & -7 \\ 0 & 4 & 0 \\ 32 & -24 & 18 \end{pmatrix}$$

1.2 Berechnung von Eigenwerten und Eigenvektoren

Wir wollen die Eigenwerte dieser Matrix berechnen. Dazu berechnen wir zuerst die Determinanten des folgenden Ausdrucks:

$$\det(A - \lambda E) = \begin{vmatrix} (-12-\lambda) & 12 & -7 \\ 0 & (4-\lambda) & 0 \\ 32 & -24 & (18-\lambda) \end{vmatrix}$$

$$= -\lambda^3 + 10 \cdot \lambda^2 - 32 \cdot \lambda + 32 = (-1)(\lambda - 2)(\lambda - 4)(\lambda - 4) = 0$$

$\lambda_1 = 2$
$\lambda_2 = 4$
$\lambda_3 = 4$

Für jedes λ berechnen wir nun den Eigenvektor

$$\lambda_1 = 2$$

$$A - \lambda_1 \cdot E = \begin{pmatrix} -14 & -12 & -7 \\ 0 & 2 & 0 \\ 32 & -24 & 16 \end{pmatrix}$$

Im Folgenden können wir nun das homogene lineare Gleichungssystem durch das Gauß-Verfahren lösen, um den gesuchten Eigenvektor x_1 mit $Ax = \lambda_1 x_1$ zu erhalten. Im Folgenden bezeichnen die römischen Zahlen I, II und III jeweils die i-te Gleichung des Systems, also die i-te Zeile der Matrix.

$$\begin{pmatrix} -14 & -12 & -7 & 0 \\ 0 & 2 & 0 & 0 \\ 32 & -24 & 16 & 0 \end{pmatrix}$$

$I/(-14) \to I$

$$\begin{pmatrix} 1 & \frac{6}{7} & \frac{1}{2} & 0 \\ 0 & 2 & 0 & 0 \\ 32 & -24 & 16 & 0 \end{pmatrix}$$

$III - 32 \cdot I \to III$

$$\begin{pmatrix} 1 & \frac{6}{7} & \frac{1}{2} & 0 \\ 0 & 2 & 0 & 0 \\ 0 & \frac{-360}{7} & 0 & 0 \end{pmatrix}$$

$II/(2) \to II$

$$\begin{pmatrix} 1 & \frac{6}{7} & \frac{1}{2} & 0 \\ 0 & 1 & 0 & 0 \\ 0 & \frac{-360}{7} & 0 & 0 \end{pmatrix}$$

$III - (\frac{-360}{7}) \cdot II \to III$

$$\begin{pmatrix} 1 & \frac{6}{7} & \frac{1}{2} & 0 \\ 0 & 1 & 0 & 0 \\ 0 & 0 & 0 & 0 \end{pmatrix}$$

1 Eigenwerte im reellen Raum

$I - \frac{6}{7} \cdot II \to I$

$$\begin{pmatrix} 1 & 0 & \frac{1}{2} & 0 \\ 0 & 1 & 0 & 0 \\ 0 & 0 & 0 & 0 \end{pmatrix}$$

Hieraus ergeben sich folgende Gleichungen und wir können die x_1 und x_2 Koordinaten des Einheitsvektors ablesen.

$$x_1 + \frac{1}{2} \cdot x_3 = 0 \Rightarrow x_1 = \frac{-1}{2} \cdot x_3$$

$$x_2 = 0 \Rightarrow x_2 = 0$$

Für $\lambda_2 = 4$ gilt entsprechend

$$A - \lambda_2 \cdot E = \begin{pmatrix} -16 & -12 & -7 \\ 0 & 0 & 0 \\ 32 & -24 & 14 \end{pmatrix}$$

Damit haben wir ein homogenes lineares Gleichungssystem und lösen es mit Hilfe des Gauß-Verfahren:

$$\begin{pmatrix} -16 & -12 & -7 & 0 \\ 0 & 0 & 0 & 0 \\ 32 & -24 & 14 & 0 \end{pmatrix}$$

$I/(-16) \to I$

$$\begin{pmatrix} 1 & \frac{3}{4} & \frac{7}{16} & 0 \\ 0 & 0 & 0 & 0 \\ 32 & -24 & 14 & 0 \end{pmatrix}$$

$III - 32 \cdot I \to III$

$$\begin{pmatrix} 1 & \frac{3}{4} & \frac{7}{16} & 0 \\ 0 & 0 & 0 & 0 \\ 0 & -48 & 0 & 0 \end{pmatrix}$$

$II \Leftrightarrow III$

$$\begin{pmatrix} 1 & \frac{3}{4} & \frac{7}{16} & 0 \\ 0 & -48 & 0 & 0 \\ 0 & 0 & 0 & 0 \end{pmatrix}$$

$II - (-38) \to II$

$$\begin{pmatrix} 1 & \frac{3}{4} & \frac{7}{16} & 0 \\ 0 & 1 & 0 & 0 \\ 0 & 0 & 0 & 0 \end{pmatrix}$$

$I - \frac{3}{4} \cdot II \to I$

$$\begin{pmatrix} 1 & 0 & \frac{1}{2} & 0 \\ 0 & 1 & 0 & 0 \\ 0 & 0 & 0 & 0 \end{pmatrix}$$

Hieraus ergeben sich folgende Gleichungen und wir können die x_1 und x_2 Koordinaten des Einheitsvektors ablesen.

$$x_1 + \frac{1}{2} \cdot x_3 = 0 \Rightarrow x_1 = \frac{-1}{2} \cdot x_3$$

$$x_2 = 0 \Rightarrow x_2 = 0$$

Die Matrix A besitzt also die reellen Eigenwerte

$$\lambda_1 = 2$$
$$\lambda_2, \lambda_3 = 4$$

und zum Eigenwert $\lambda_1 = 2$ die Eigenvektoren

$$x_1 = -1$$
$$x_2 = 0$$
$$x_3 = 2$$

und zum doppelten Eigenwert $\lambda_2, \lambda_3 = 4$ die Eigenvektoren $x_{2/3} = \begin{pmatrix} -7 \\ 0 \\ 16 \end{pmatrix}$

1.3 Satz vom Fußball

nach (MW12, 244)

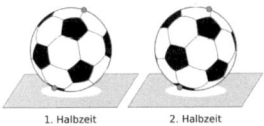

1. Halbzeit   2. Halbzeit

Abbildung 1: Die rot markierten Punkt zeigen, dass es nach dem Satz des Fußballs zwei Punkte existieren, die sich zu Beginn der ersten und der zweiten Halbzeit an derselben Stelle im Raum befinden.

Satz 1 (Satz vom Fußball). *Bei jedem Fußballspiel gibt es zwei Punkte auf der Oberfläche des Balls, die sich zu Beginn der ersten und der zweiten Halbzeit, wenn der Ball genau auf dem Anstoßpunkt liegt, an derselben Stelle im umgebenden Raum befinden.*

Bei n Drehungen im dreidimensionalen euklidischen Raum $\mathbb{R}^3$ erfolgt die Darstellung mit orthogonalen 3×3 Matrizen, wobei $\det(A_i) = 1$ für $i = 1 \ldots n$ gilt. Für diese n Einzeldrehungen ergibt sich das Matrizenprodukt

$$G := A_1 \cdot \ldots \cdot A_n$$

wobei G eine orthogonale Matrix mit der Determinanten 1 ist, weil das Produkt zweier orthogonaler Matrizen ebenfalls orthogonal ist. Nach dem Determinantenproduktsatz ist die

1 Eigenwerte im reellen Raum

Determinante eines Produkts zweier Matrizen ebenfalls genau das Produkt der Determinanten. Daher erhält man

$$1 = \det(G) := \lambda_1 \cdot \lambda_2 \cdot \lambda_3$$

wobei $\lambda_1, \lambda_2, \lambda_3$ die Eigenwerte von G darstellen. Das charakteristische Polynom von G hat den Grad 3. Somit existiert mindestens ein reeller Eigenwert. Für Eigenwerte einer orthogonalen Matrix $|\lambda_1| = |\lambda_2| = |\lambda_3| = 1$ gilt, dass ein Vektor $x \in \mathbb{R}^3 \setminus \{0\}$ existiert mit der Eigenschaft

$$Gx = 1 \cdot x$$

Ein solcher Vektor x und jedes skalare Vielfache dieses Vektors wird demnach durch die Matrix G auf sich selbst abgebildet. Mit der linearen Hülle $\langle x \rangle$ kann eine Ursprungsgerade definiert werden, welche die Kugeloberfläche in zwei Punkten durchbricht, die sich zu Beginn der ersten und der zweiten Halbzeit an derselben Stelle im umgebenden Raum befinden, wenn der Ball genau auf dem Anstoßpunkt liegt.

2 Rotationsmatrizen

Im Folgenden werden wir zuerst auf Rotationen im zweidimensionalen Raum, $\mathbb{R}^2$ eingehen. Danach werden die Rotationsmatrizen im $\mathbb{R}^3$ hergeleitet und die Eigenwerte erläutert.

2.1 Drehmatrizen in $\mathbb{R}^2$

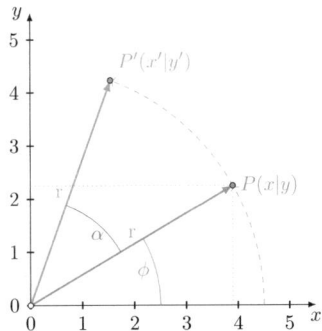

Wir erinnern uns zurück an die Klasse 10 und die Polarkoordinaten: die Koordinaten x und y des Punktes P schreiben wir dann als

$$x = r \cdot \cos(\phi)$$
$$y = r \cdot \sin(\phi)$$

wobei r hier für die Länge des Vektors steht.

Zwei aufeinanderfolgende Rotationen, zuerst um den Winkel ϕ und anschließend um den Winkel α, sind äquivalent zu einer Rotation um den Winkel $(\phi + \alpha)$. Die entsprechenden Werte für P'

$$x' = r \cdot \cos(\phi + \alpha)$$
$$y' = r \cdot \sin(\phi + \alpha)$$

Nach dem Additionstheorem, bekannt aus der Schule, gilt

$$x' = r \cdot (\cos\phi \cdot \cos\alpha - \sin\phi \cdot \sin\alpha)$$
$$y' = r \cdot (\sin\phi \cdot \cos\alpha + \cos\phi \cdot \sin\alpha)$$

Ausmultipliziert entspricht dies

$$x' = r \cdot \cos\phi \cdot \cos\alpha + r \cdot \sin\phi \cdot -(\sin\alpha)$$
$$y' = r \cdot \sin\phi \cdot \cos\alpha + r \cdot \cos\phi \cdot \sin\alpha$$

2 Rotationsmatrizen

Wir erkennen, dass $r \cdot \cos(\phi) = x$ und $r \cdot \sin(\phi) = y$ und setzen ein

$$x' = x \cdot \cos\alpha + y \cdot -(\sin\alpha)$$
$$y' = x \cdot \cos\alpha + y \cdot \sin\alpha$$

In Matrixschreibweise erhalten wir also

$$\begin{pmatrix} x' \\ y' \end{pmatrix} = \begin{pmatrix} \cos\alpha - \sin\alpha \\ \sin\alpha + \cos\alpha \end{pmatrix} \cdot \begin{pmatrix} x \\ y \end{pmatrix}$$

$$R_\alpha = \begin{pmatrix} \cos\alpha & -\sin\alpha \\ \sin\alpha & \cos\alpha \end{pmatrix}$$

Hierbei handelt es sich um eine geometrische Transformation, d.h. man erhält nach der Rotation einen neuen Punkt mit anderem Ortsvektor. Das Koordinatensystem bleibt dabei fixiert. Wenn das Koordinatensystem transformiert und Vektor fixiert ist, spricht man von einer Koordinatentransformation. Dafür müssen die Drehmatrizen transponiert werden. Da die Matrizen eine Determinante von Eins haben, sind die transponierten Drehmatrizen gleich der inversen Matrizen.

$$R_\alpha^{-1} = \begin{pmatrix} \cos\alpha & \sin\alpha \\ -\sin\alpha & \cos\alpha \end{pmatrix}$$

2.2 Drehmatrizen in $\mathbb{R}^3$

2.2.1 Drehung um die z-Achse

Es gilt: $v = \begin{pmatrix} x \\ y \\ z \end{pmatrix}$, $v' = \begin{pmatrix} x' \\ y' \\ z' \end{pmatrix}$ und $v' = R_{\alpha_z} \cdot v$, wobei R_{α_z} die gesuchte Drehmatrix ist. Bei der Drehung um die z-Achse bleibt z konstant also $z = z'$. Von der Rotation im $\mathbb{R}^2$ wissen wir bereits, dass

$$\begin{pmatrix} x' \\ y' \end{pmatrix} = \begin{pmatrix} \cos\alpha - \sin\alpha \\ \sin\alpha + \cos\alpha \end{pmatrix} \cdot \begin{pmatrix} x \\ y \end{pmatrix}$$

$$\Rightarrow R_{\alpha_z} = \begin{pmatrix} \cos\alpha & -\sin\alpha & 0 \\ \sin\alpha & \cos\alpha & 0 \\ 0 & 0 & 1 \end{pmatrix}$$

Für die Koordinatentransformation gilt:

$$R_{\alpha_z}^{-1} = \begin{pmatrix} \cos\alpha & \sin\alpha & 0 \\ -\sin\alpha & \cos\alpha & 0 \\ 0 & 0 & 1 \end{pmatrix}$$

2.2.2 Drehung um die x-Achse

Folgende Matrizen ergeben sich nach dem gleichen Verfahren wie für die z-Achse. R_{α_x} ist die geometrische Transformation und $R_{\alpha_x}^{-1}$ die Koordinatentransformation.

$$R_{\alpha_x} = \begin{pmatrix} 1 & 0 & 0 \\ 0 & \cos\beta & -\sin\beta \\ 0 & \sin\beta & \cos\beta \end{pmatrix}, \; R_{\alpha_x}^{-1} = \begin{pmatrix} 1 & 0 & 0 \\ 0 & \cos\alpha & \sin\alpha \\ 0 & -\sin\alpha & \cos\alpha \end{pmatrix}$$

2.2.3 Drehung um die y-Achse

Folgende Matrizen ergeben sich nach dem gleichen Verfahren wie für die z-Achse. R_{α_y} ist die geometrische Transformation und $R_{\alpha_y}^{-1}$ die Koordinatentransformation.

$$R_{\alpha_y} = \begin{pmatrix} \cos\beta & 0 & -\sin\beta \\ 0 & 1 & 0 \\ \sin\beta & 0 & \cos\beta \end{pmatrix}, \; R_{\alpha_y}^{-1} = \begin{pmatrix} \cos\alpha & 0 & \sin\alpha \\ 0 & 1 & 0 \\ -\sin\alpha & 0 & \cos\alpha \end{pmatrix}$$

2.3 Eigenwerte und Eigenvektoren

Im Folgenden werde wir die Drehmatrix auf Eigenwerte und Eigenvektoren im $\mathbb{R}^2$ untersuchen. Die Matrix

$$R = \begin{pmatrix} \cos\alpha & -\sin\alpha \\ \sin\alpha & \cos\alpha \end{pmatrix}$$

beschreibt die Rotation um den Winkel α. Das charakteristische Polynom $\det(R - \lambda I)$ entspricht

$$\begin{vmatrix} \cos\alpha - \lambda & -\sin\alpha \\ \sin\alpha & \cos\alpha - \lambda \end{vmatrix} = (\cos\alpha - \lambda)^2 + \sin^2\alpha$$

Wir setzen das charakteristische Polynom gleich 0 und lösen nach λ auf. Wir bemerken, dass die Gleichung

$$(\cos\alpha - \lambda)^2 = -\sin^2\alpha$$

im Allgemeinen keine reelle Lösung hat. Als Schlussfolgerung bedeutet dies, dass es keine reellen Eigenwerte gibt, außer α ist ein Vielfaches von ϕ. In diesem Fall entspricht die Rotation einer halben Drehung oder der Identität (ganze Drehung um 360°).

Betrachtet man das Problem im Zahlenbereich der komplexen Zahlen, erhält man zwei Eigenwerte:

$$\cos\alpha - \lambda = \pm i \sin\alpha$$
$$\lambda = \cos\alpha \pm i\sin\alpha = e^{\pm i\alpha}$$

Literatur

[AM9s] ABADIR, K.M. ; MAGNUS, J.R.: *Matrix Algebra*. Cambridge University Press, 2009s (Econometric Exercises). http://gso.gbv.de/DB=2.1/PPNSET?PPN=685992640. – ISBN 9780521822893

[Mer13] MERZ, Michael: *Übungsbuch zur Mathematik für Wirtschaftswissenschaftler : 450 Klausur- und Übungsaufgaben mit ausführlichen Lösungen*. München : Vahlen, 2013 http://www.gbv.de/dms/zbw/75319323X.pdf

[MW12] *Kapitel 10. Eigenwerttheorie und Quadratische Formen*. In: MERZ, Michael ; WÜTHRICH, Mario V.: *Mathematik für Wirtschaftswissenschaftler*. München : Verlag Franz Vahlen GmbH, 2012. – ISBN 978–3–8006–4483–4, 243–272

[PBMW09] PAGE, Larry ; BRIN, Sergey ; MOTWANI, R. ; WINOGRAD, T.: The PageRank Citation Ranking: Bringing Order to the Web. In: *Stanford Digital Libraries Working Paper* (2009). http://www.mri.mq.edu.au/~einat/web_ir/pageranksub.pdf

[Wel95] WELTNER, Klaus (Hrsg.): *Mathematik für Physiker 2 : Basiswissen für das Grundstudium der Experimentalphysik*. Bd. 14. Springer-Verlag Berlin Heidelberg, 1995

BEI GRIN MACHT SICH IHR WISSEN BEZAHLT

- Wir veröffentlichen Ihre Hausarbeit, Bachelor- und Masterarbeit

- Ihr eigenes eBook und Buch - weltweit in allen wichtigen Shops

- Verdienen Sie an jedem Verkauf

Jetzt bei www.GRIN.com hochladen und kostenlos publizieren